英国数学真简单团队/编著　华云鹏　王盈成/译

DK儿童数学分级阅读 第一辑

几何与图形

電子工業出版社
Publishing House of Electronics Industry
北京 · BEIJING

版权贸易合同登记号　图字：01-2024-1980

图书在版编目（CIP）数据

DK儿童数学分级阅读. 第一辑. 几何与图形 / 英国数学真简单团队编著；华云鹏，王盈成译. --北京：电子工业出版社，2024.5
ISBN 978-7-121-47658-7

Ⅰ. ①D…　Ⅱ. ①英…　②华…　③王…　Ⅲ. ①数学－儿童读物　Ⅳ. ①O1-49

中国国家版本馆CIP数据核字（2024）第070407号

出版社感谢以下作者和顾问：Andy Psarianos, Judy Hornigold, Adam Gifford和Anne Hermanson博士。
已获Colophon Foundry的许可使用Castledown字体。

责任编辑：翟夏月
印　　刷：鸿博昊天科技有限公司
装　　订：鸿博昊天科技有限公司
出版发行：电子工业出版社
　　　　　北京市海淀区万寿路173信箱　　邮编：100036
开　　本：889×1194　1/16　印张：18　　字数：303千字
版　　次：2024年5月第1版
印　　次：2024年11月第2次印刷
定　　价：128.00元（全6册）

凡所购买电子工业出版社图书有缺损问题，请向购买书店调换。若书店售缺，请与本社发行部联系，联系及邮购电话：（010）88254888，88258888。
质量投诉请发邮件至zlts@phei.com.cn，盗版侵权举报请发邮件至dbqq@phei.com.cn。
本书咨询联系方式：（010）88254161转1821，zhaixy@phei.com.cn。

www.dk.com

目录

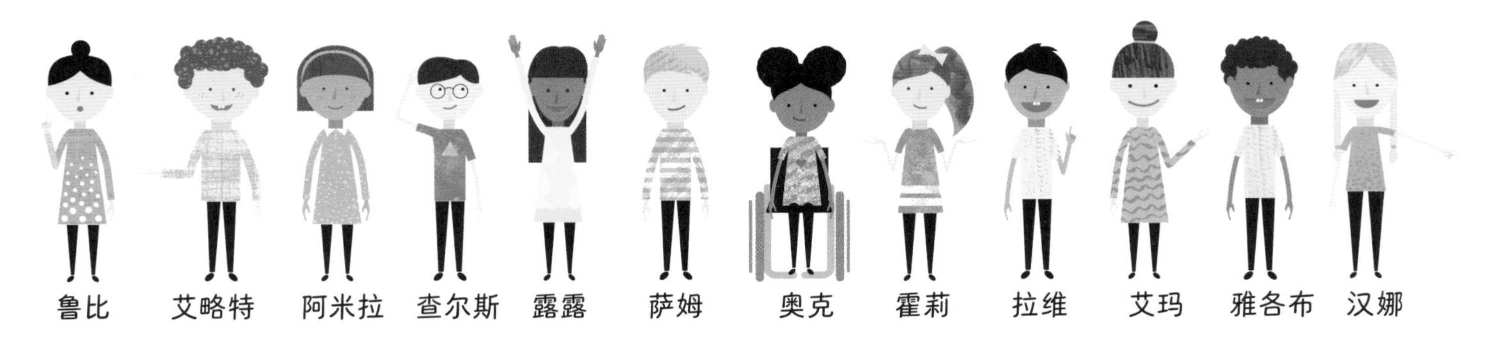

鲁比
艾略特
阿米拉
查尔斯
露露
萨姆
奥克
霍莉
拉维
艾玛
雅各布
汉娜

序数词

准 备

小朋友们是按照什么顺序上校车的？

举 例

阿米拉
第一

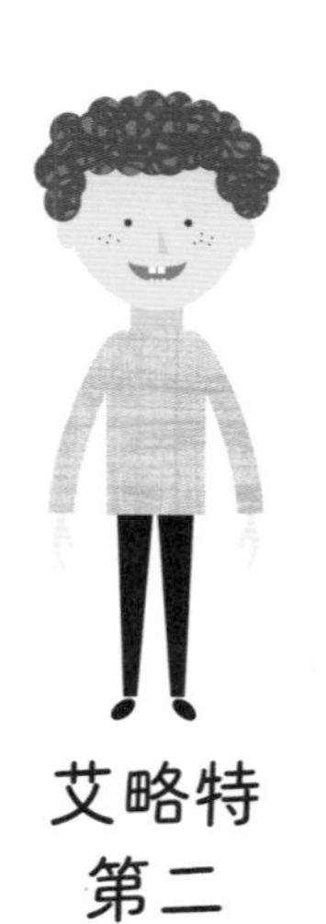

艾略特
第二

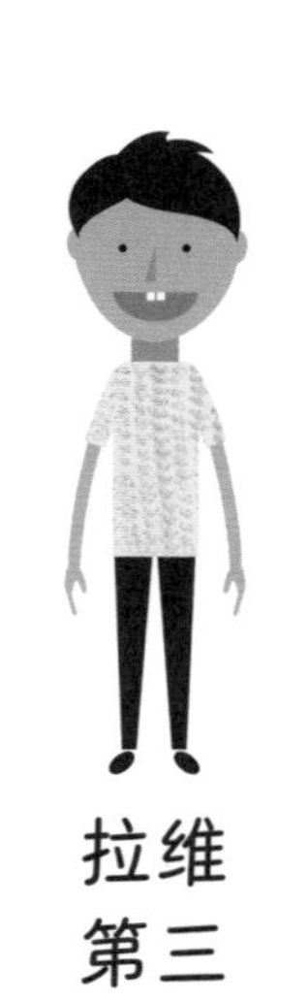

拉维
第三

鲁比
第四

我在拉维之前上车的，我是第二个上车的。

我是第四个上车的，我在拉维之后上车的。

练习

用第一、第二、第三、第四、之前及之后排序。

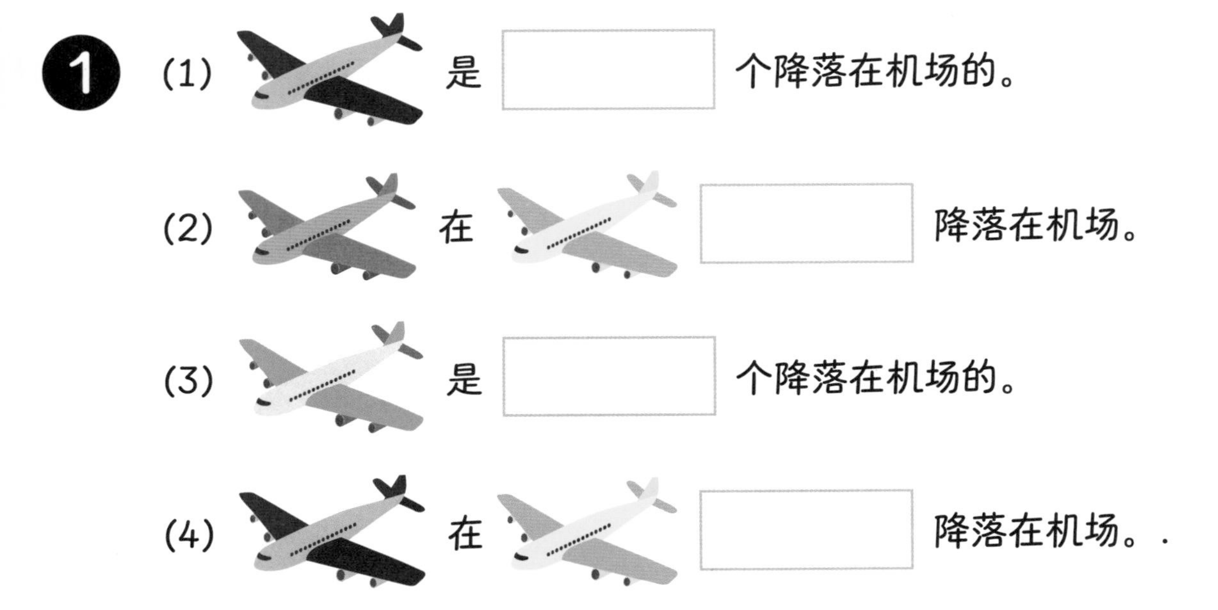

1

(1) 是 ______ 个降落在机场的。

(2) 在 ______ 降落在机场。

(3) 是 ______ 个降落在机场的。

(4) 在 ______ 降落在机场。.

2 这些飞机是按什么顺序降落的？
用第一、第二、第三和第四填空。

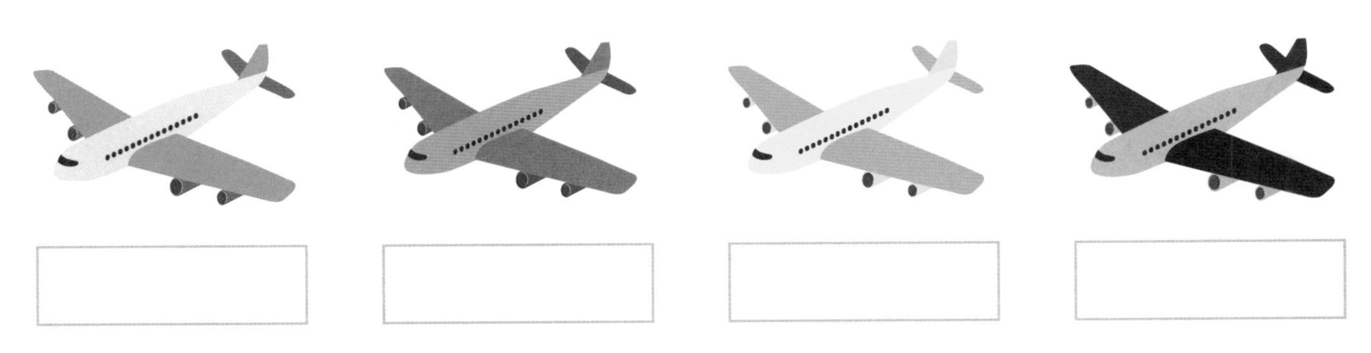

位置排序

第2课

准备

十辆赛车列成一队准备比赛。你能说一说它们在队伍中所处的位置吗？

举例

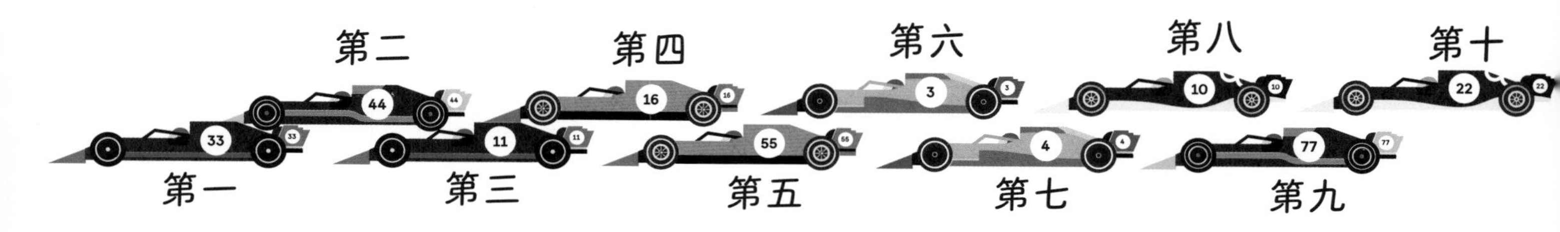

33号赛车在所有赛车的前面，位于始发位置。

我希望3号赛车能赢，它前面有5辆赛车，它是第六个出发。

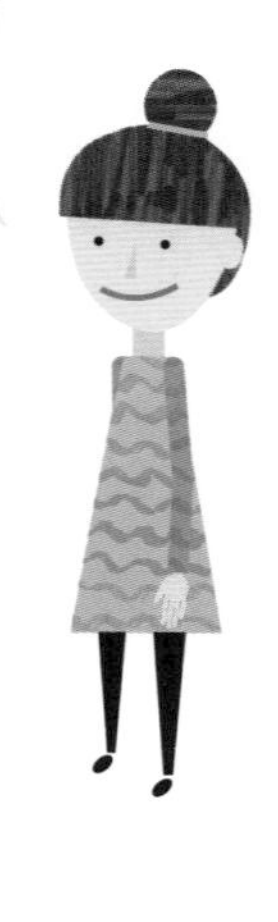

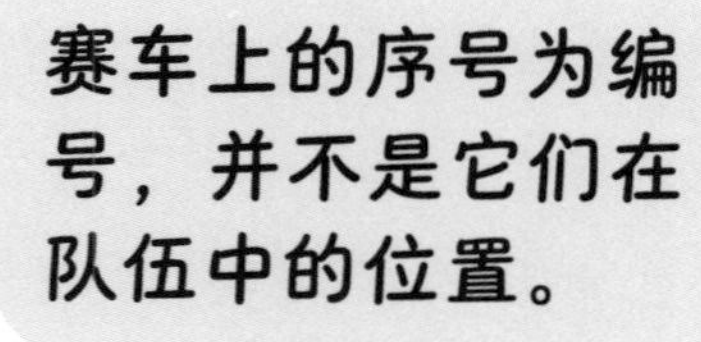

赛车上的序号为编号，并不是它们在队伍中的位置。

练 习

根据前面的信息，将赛车的排序填一填。

1

1	第一	33
	第二	44
3		11
4		16
	第五	55
6		3
	第七	4
8		10
	第九	77
	第十	22

2

(1) 3 是队伍中的 ______ 辆赛车。

(2) 队伍中的第一辆赛车是 ______。

(3) 11 是在 ______ 赛车和 ______ 赛车之间。

(4) 77 前面的赛车是 ______。

(5) 55 后面的赛车是 ______。

分辨左右

准备

我们该怎么形容每个物品的位置？

举例

从左边开始数，篮球是第一个。

从左边开始数，铅笔袋是第五个。

从右边开始数，罐头是第二个。

从右边开始数，书是第三个。

从左边开始数，书也是第三个。

练 习

1 填空。

(1) 从 ______ 开始数，杂货店是第二个。

(2) 从右边开始数，______ 是第二个。

(3) 从左边开始数，______ 是第四个。

(4) 比萨店在杂货店和 ______ 之间。

2 按照下面文字描述，在方框中画出5个物品的摆放顺序。

(1) 在方框的中间是一本书。

(2) 在方框的最右边是一只泰迪熊。

(3) 从左边数第一个物品是笔筒。

(4) 在笔筒和书之间有一个娃娃。

(5) 从左边数第四个物品、从右边数第二个物品是篮球。

认识立体图形

准备

你能看到什么立体图形？

举例

三棱锥和长方体都有角。

这些是三棱锥

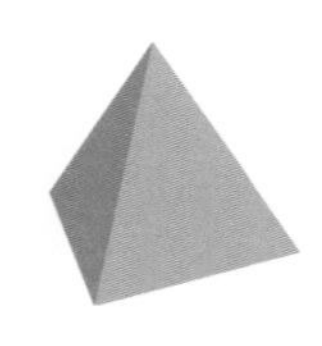

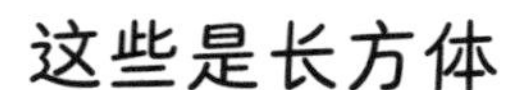
这些是长方体

这种图形也叫正方体。它是一个特殊的长方体，因为它所有的边都一样长。

这些是球体

这个是圆柱体

练习

1 找一找你家里的物品，看看它们都是什么立体图形？
把你找到的物品填在表格里。

立体图形	物品

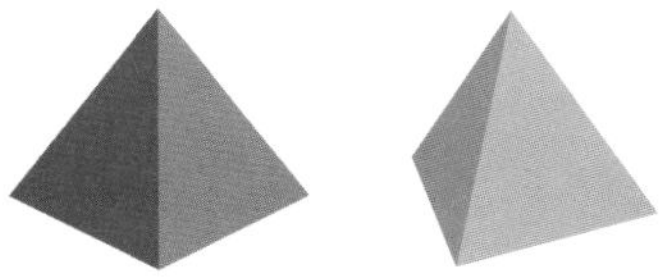	

2 连一连。

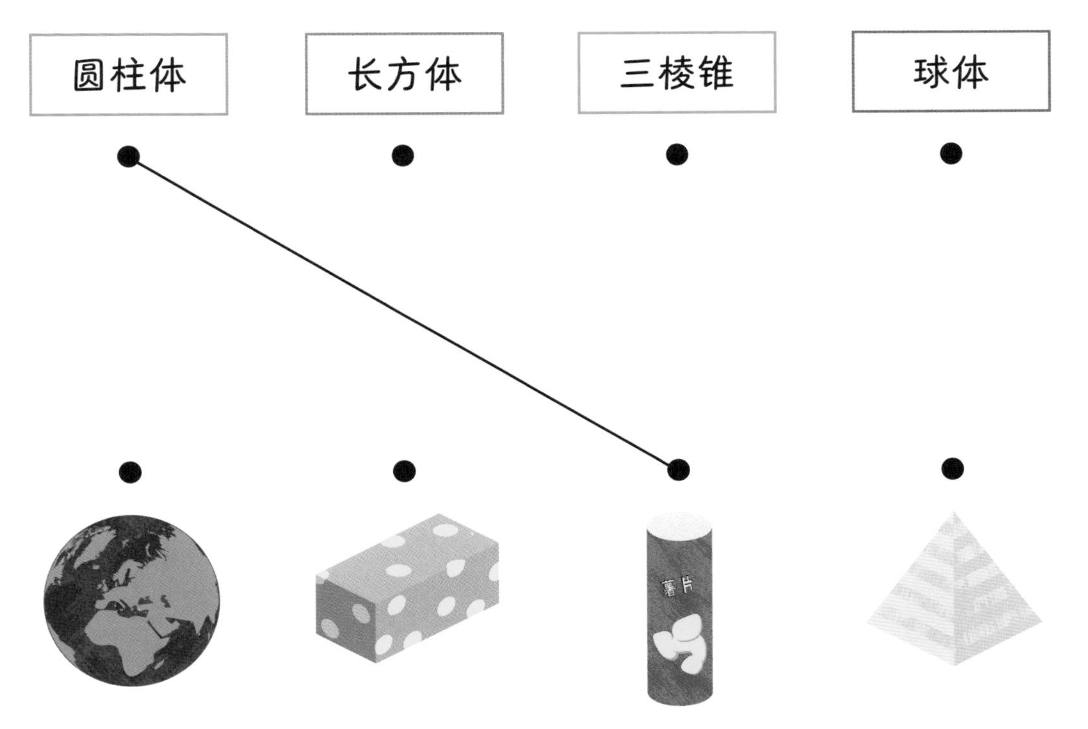

认识平面图形

第5课

准备

你认识哪些图形呢？

举例

这些图形是三角形。

这些图形是长方形。

这个图形也叫正方形。它是一个特殊的长方形，因为它所有的边都一样长。

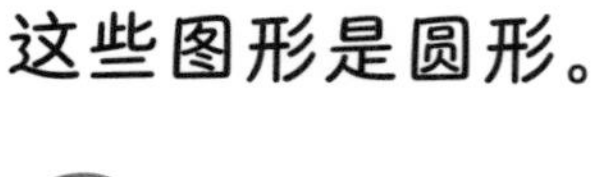

这些图形是圆形。

练习

1 找一找你家里的相似物品，看看都是什么平面图形。
把你找到的物品填在表格里。

平面图形	物品

2 向你的家人朋友形容一个平面图形，看看他们能猜到是哪个吗？

3 (1) 将所有的三角形填色。

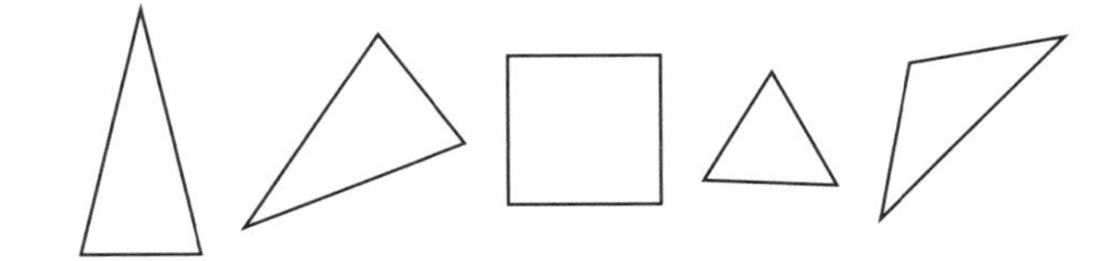

(2) 将所有的长方形填色。

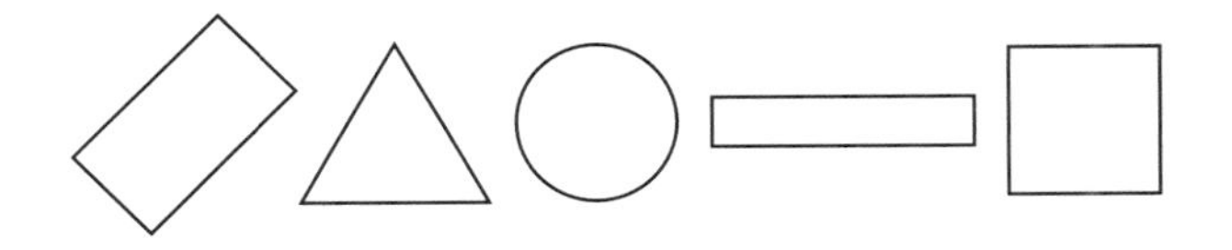

(3) 将所有的正方形填色。

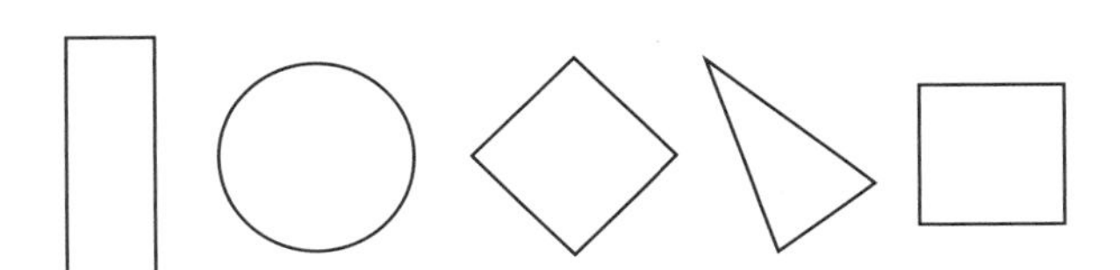

(4) 将所有的圆形填色。

图形分类

第 6 课

准 备

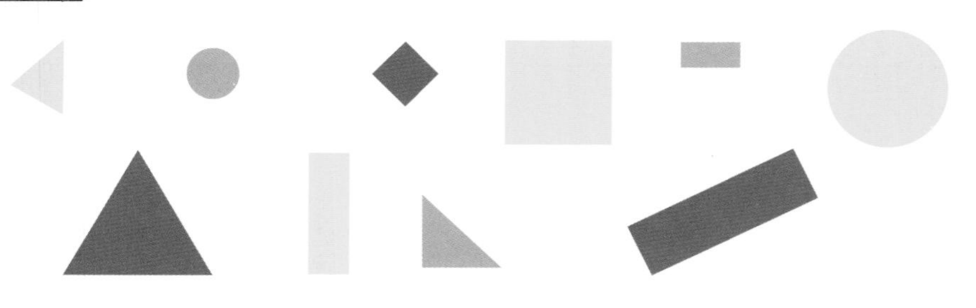

你能把这些图形分成几类呢？

举 例

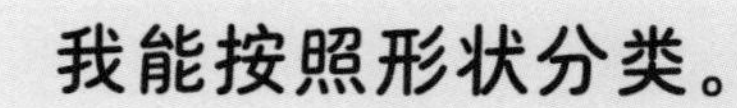

我能按照形状分类。

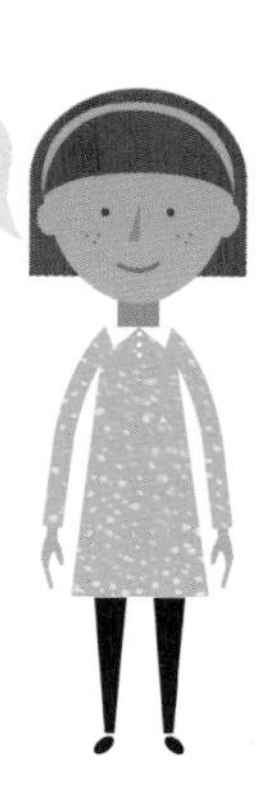

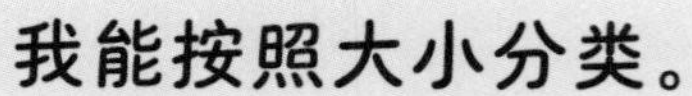

我能按照大小分类。

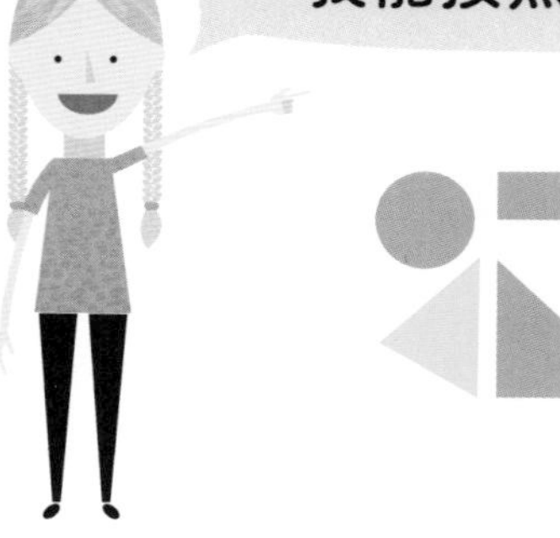

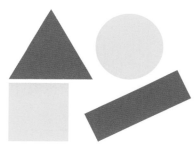

我能按照颜色分类。

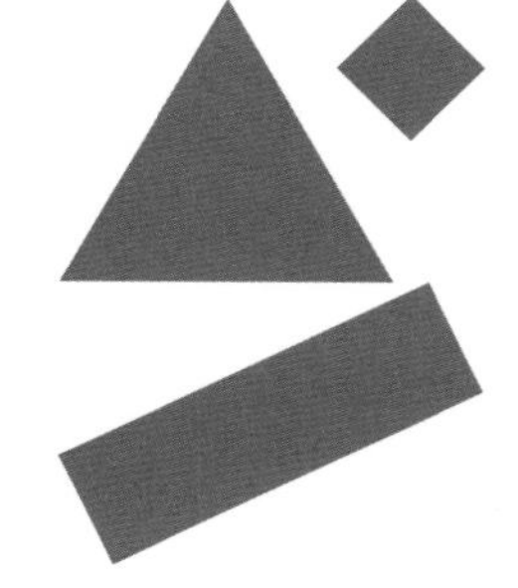

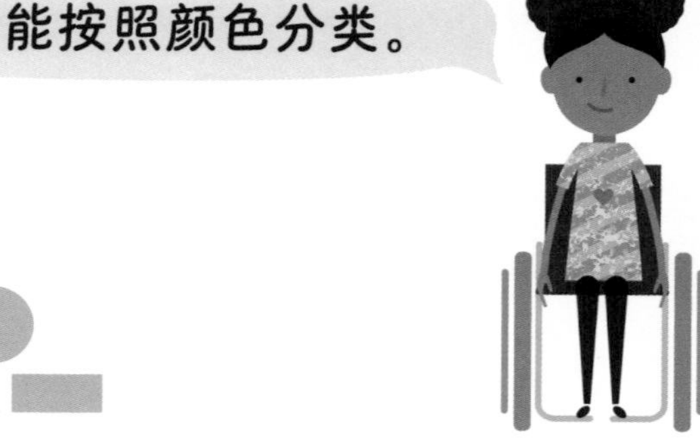

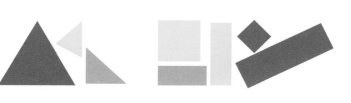

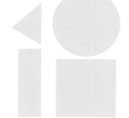

练 习

1 圈出和左侧图形形状相同的图形。

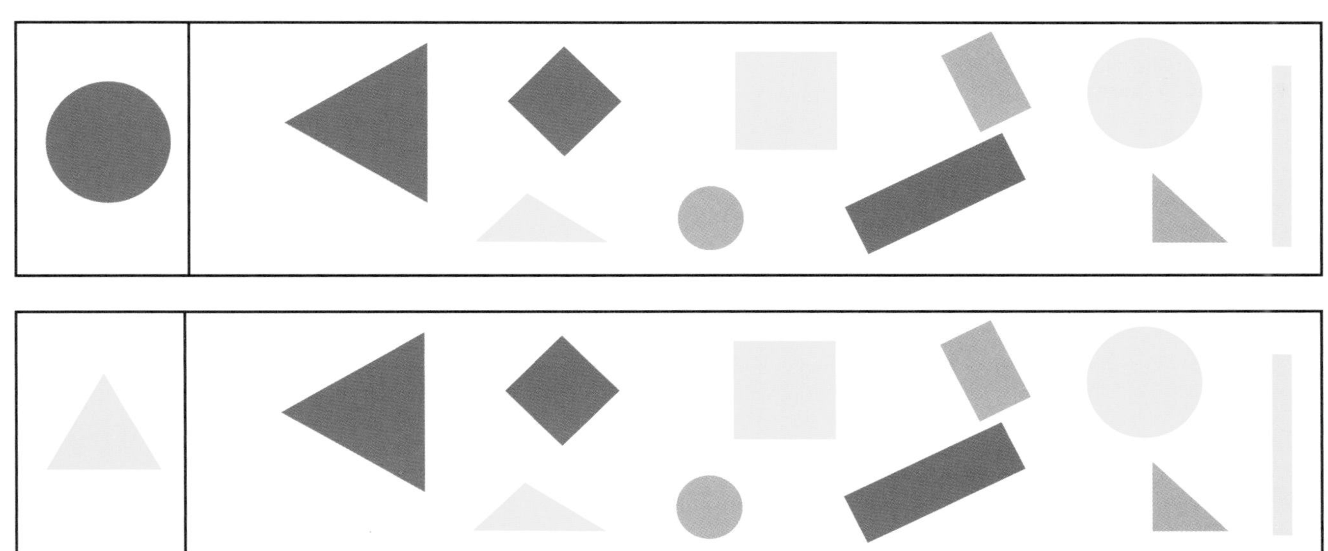

2 这些图形是怎么分类的呢？

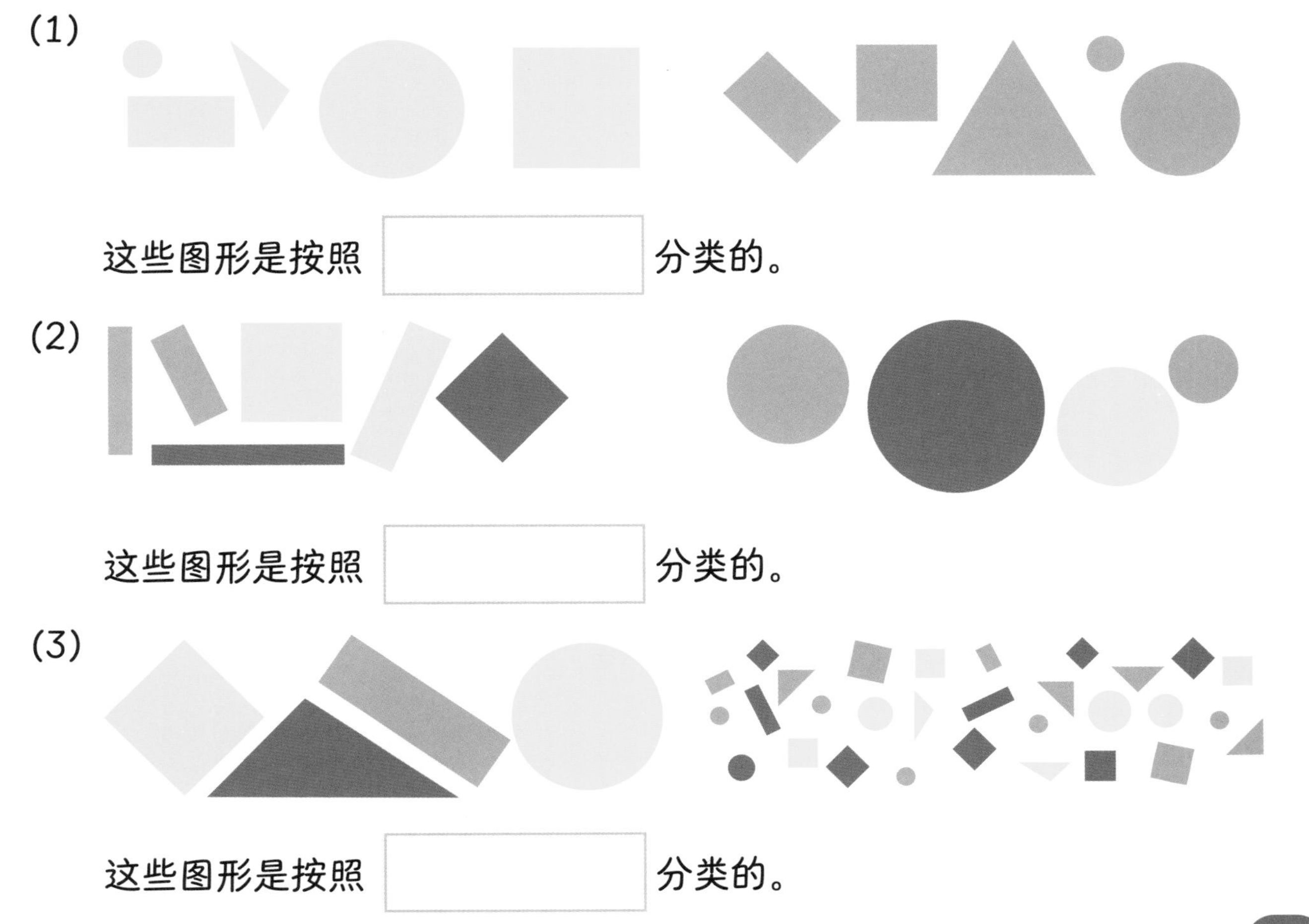

(1) 这些图形是按照＿＿＿＿分类的。

(2) 这些图形是按照＿＿＿＿分类的。

(3) 这些图形是按照＿＿＿＿分类的。

重复排列规律

第7课

准备

你能描述一下这些图形的规律吗？

举例

图形都一样。

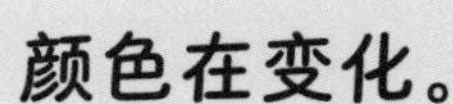

颜色在变化。

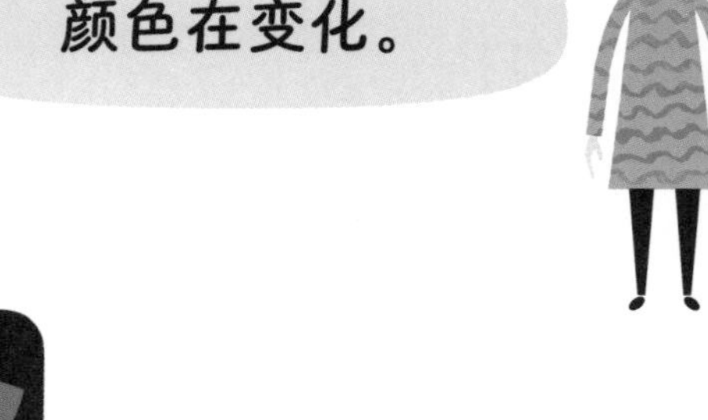

我们可以这样描述这些图形的排序，橙色星星、蓝色星星……

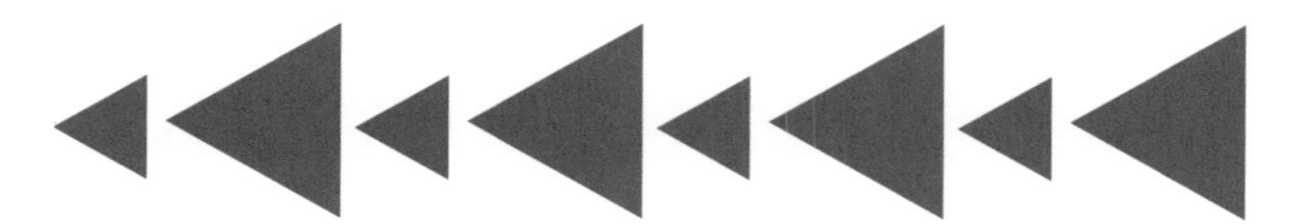

这个排序里，只有三角形的大小在变化。

练 习

1 按照图形排序的规律，画出下一个图形。

2 自己试着画一组图形排序的规律。

3 观察图形排序的规律，将下一个出现的图形填上合适的颜色。

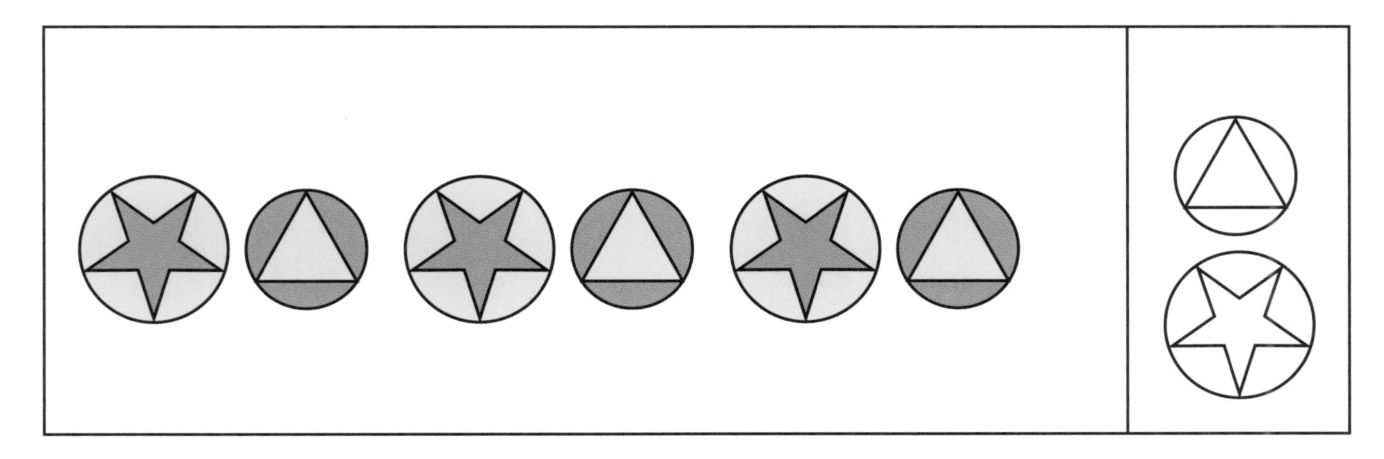

重复排列规律进阶

第 8 课

准备

你能描述一下这个排序的规律吗？

举例

所有图形都是三角形，但大小不一样。

有些三角形是红色的，有些是粉色的，有些是蓝色的。

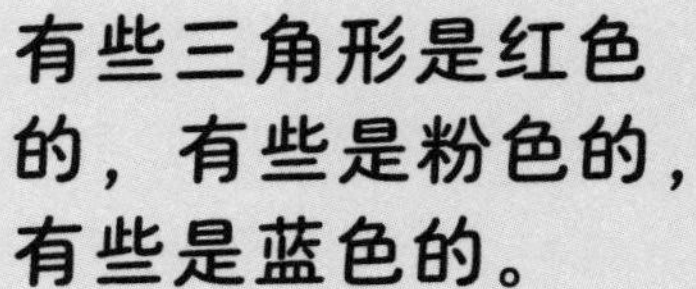

红色大三角形，
粉色小三角形，
蓝色大三角形，
粉色小三角形。

这就是排列的规律。

练 习

1 按照规律，补齐缺少的图形。

2 使用3种颜色给图形涂上颜色，形成一个重复规律。
并按照重复的规律，圈出下一个图形。

3 按照图形的排序规律，圈出下一个图形。

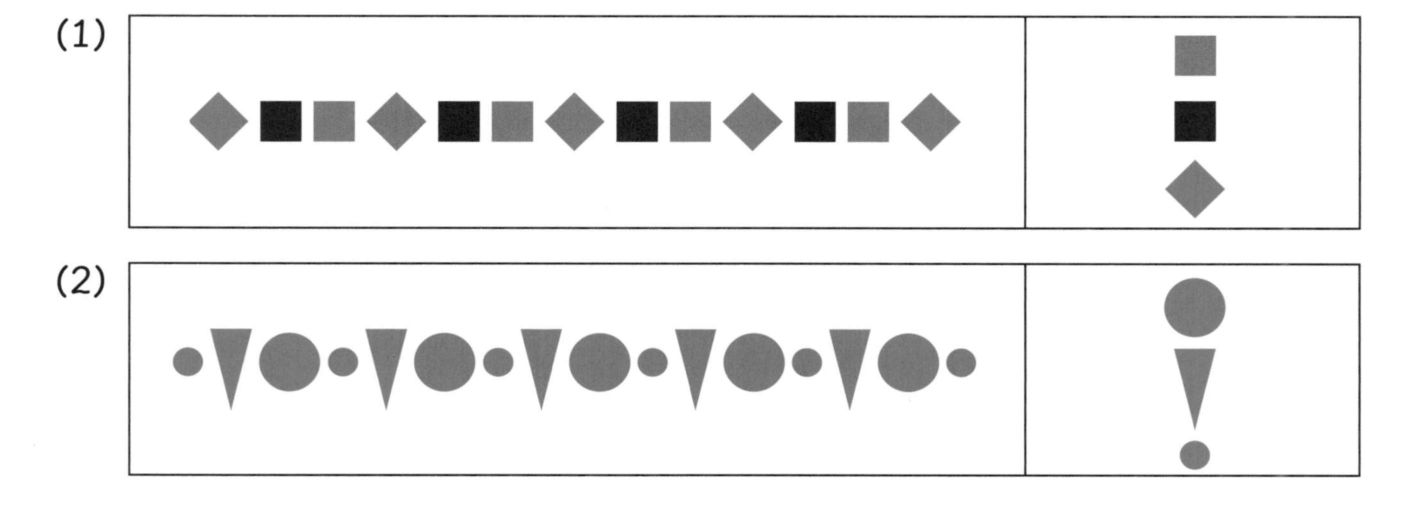

位置的表达：里和外

第 9 课

准备

我们该怎么描述鲁比的位置呢？

举例

鲁比在房子里。

鲁比在房子外。

练 习

1 找一找，在你的家里一般会有什么物品。
可以在下方画一画。

2 找一找，在你的家外一般会有什么物品。可以在下方画一画。
这些物品为什么放在外面呢？

3 用里或外来填空。

(1) 我们把牛奶放在冰箱 ______ 面。

(2) 要把垃圾放在房子 ______ 面。

(3) 天气晴朗时，汉娜喜欢去 ______ 面野餐。

位置的表达：远和近

第10课

准备

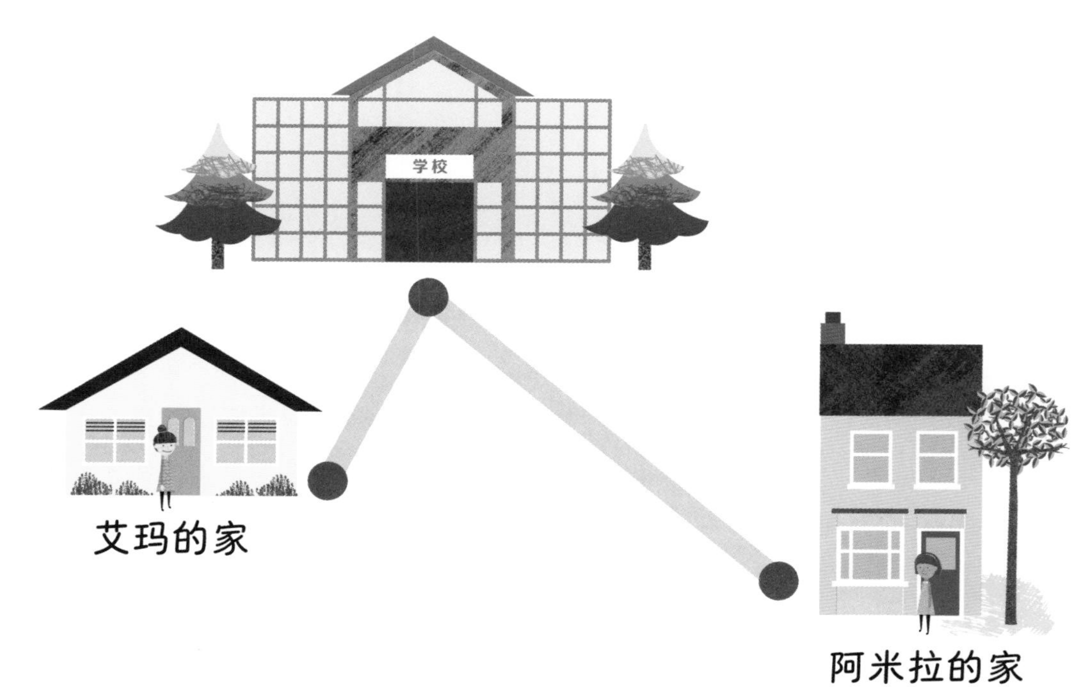

谁到学校的路程更近？

举例

艾玛的家离学校更近。

阿米拉的家离学校更远。

艾玛到学校的路程更近。

练 习

1 参照图片，用远或近填空。

(1) 露露跟艾略特距离 ______ 。

(2) 查尔斯跟阿米拉距离 ______ 。

(3) 鲁比跟汉娜距离 ______ 。

2 在下面的图中离树很近的地方画一只狗，离树很远的地方画一只猫。

位置的表达：上中下

第 11 课

准备

我们该怎么描述小猫的位置呢？

举例

鲁比的枕头在她的头下面。

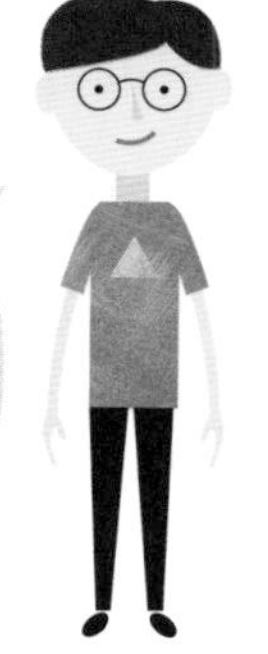

鲁比在床上躺着，她在床和被子中间。

鲁比的猫在被子上面。

练习

1 看图片，用上、下和中间填空。

(1) 查尔斯的狗在桌子 ______ 面。

(2) 盘子在桌子 ______ 面。

(3) 蓝色盘子在热狗和桌子 ______ 。

2 用上和下填空。

(1) 你把果酱涂在烤面包 ______ 面。

(2) 你睡在床 ______ 面和被子 ______ 面。

3 在下方框中画一张桌子，在桌子上面画一本书，在书上面画一支蜡笔。

用上、下和中间填空。

(1) 书在桌子和蜡笔 ______ 。

(2) 桌子在书 ______ 面。

位置的表达：前和后

第12课

准备

我们该怎么形容火车的位置呢？

举例

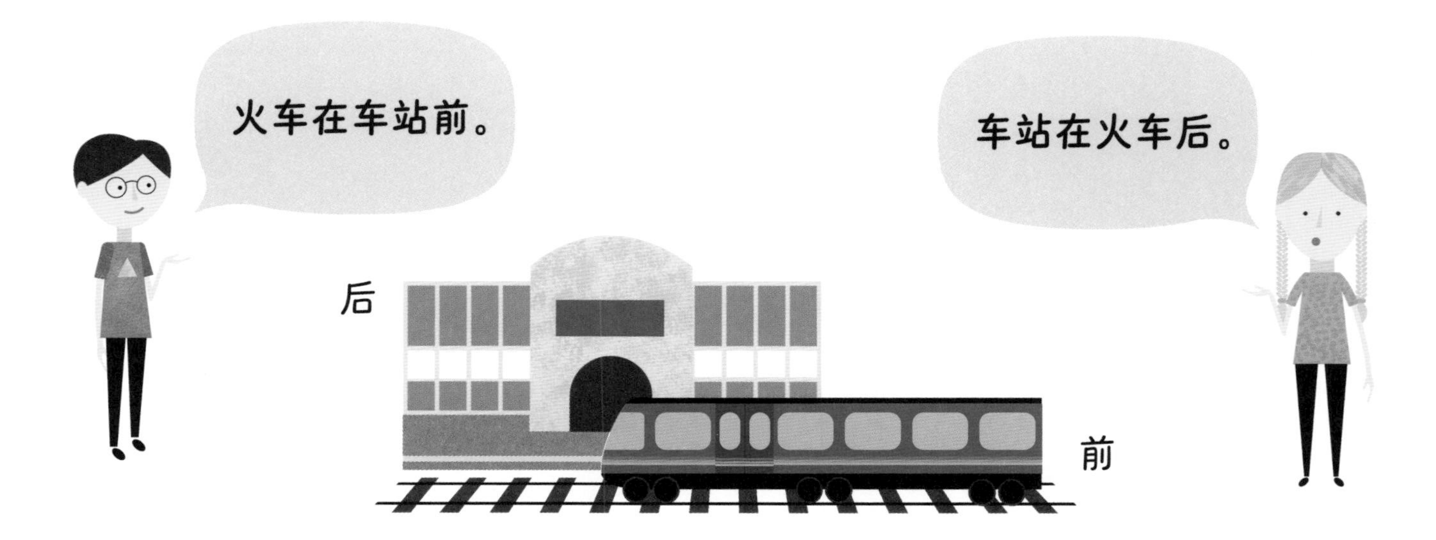

练 习

1

用前或后填空。

(1) 摩托车在汽车 ______ 面。

(2) 汽车在公共汽车 ______ 面，在摩托车 ______ 面。

(3) 平房在车辆 ______ 面。

(4) 平房在公寓大楼 ______ 面。

(5) 公交车在平房 ______ 面。

2 画一棵树，树前面画一朵花，树后面画一栋房子。

3 用前或后填空。

(1) 阿米拉在拉维的 ______ 面。

(2) 萨姆在拉维的 ______ 面。

位置的表达：最上、上、中间和最下

第13课

准备

我们该怎么描述橱窗里这些甜品的位置呢？

举例

蛋糕 在橱窗最上层。

甜甜圈 在橱窗最下层。

我们也可以说，蛋糕 在小蛋糕 和甜甜圈 上方。

练 习

1

用最上、上、中间和最下填空。

(1) 草莓在 ______ 面那一排。

(2) 苹果和橙子在 ______ 面那一排。

它们在其他水果 ______ 面。

(3) 香蕉和梨在 ______ 那一排。

2

(1) 在中间的架子上画一只泰迪熊。

(2) 在最下面的架子上画一辆汽车。

(3) 在最上面的架子上画一个篮球。

动作方位的表达(1)：向上和向下

第14课

准备

查尔斯和拉维在做什么？

举例

1

查尔斯在向上爬楼梯。

拉维在向下走楼梯。

正在从上面跳过这个障碍。

正在爬过桌子下面。

练 习

1 用向上和向下填空。

(1)

网球在 ______ 移动。

(2)

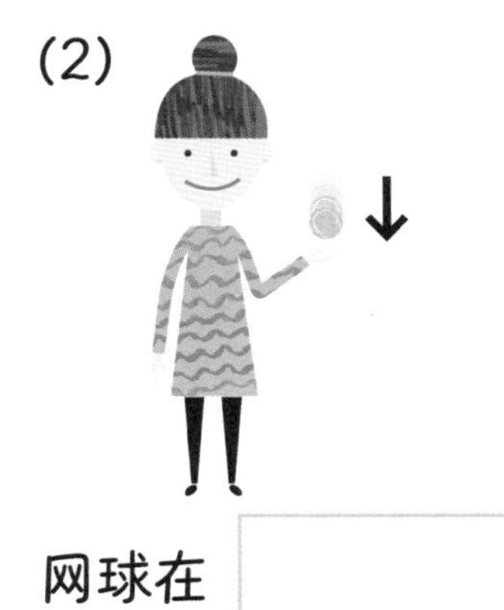

网球在 ______ 移动。

2 用从上面和从下面填空。

(1) 萨姆 把足球 ______ 踢过了球门。

(2) 水 ______ 流过了桥。

动作方向的表达（2）：向前和向后

准备

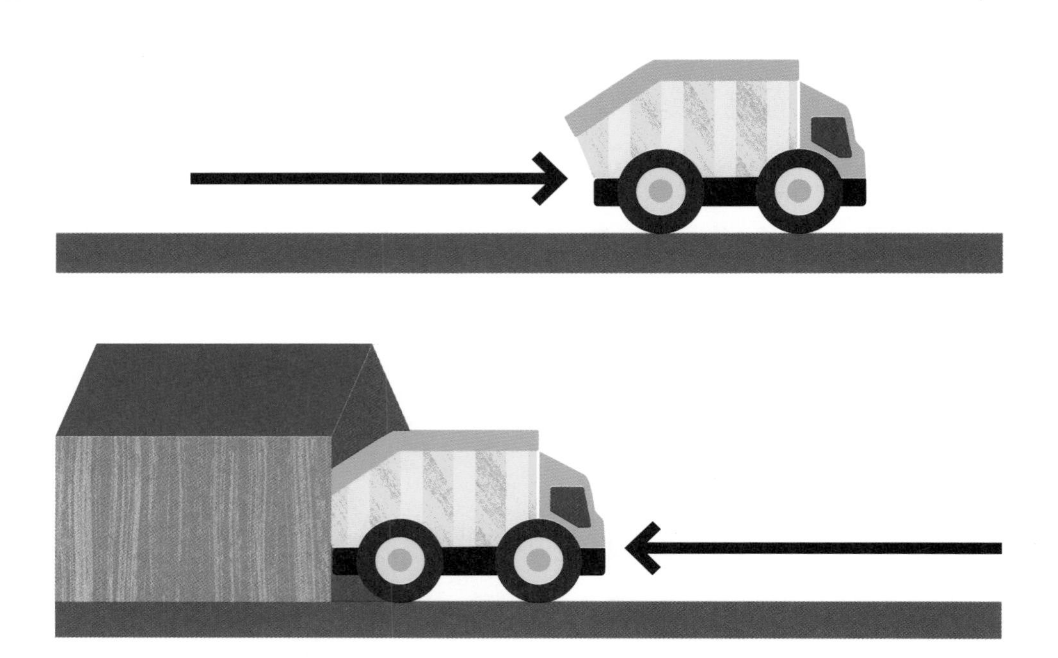

我们如何描述卡车移动的方向？

举例

卡车向后移动时，
它是在倒车。

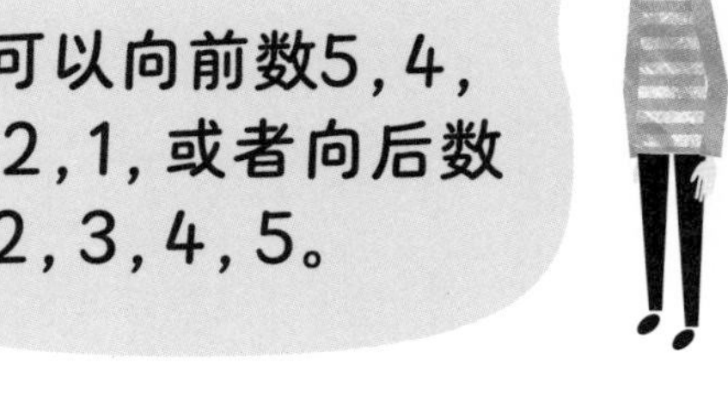

我可以向前数5，4，
3，2，1，或者向后数
1，2，3，4，5。

卡车可以向前走，⟶ 也可以向后退 ⟵ 。

练 习

用向前和向后填空。

(1)

(2)

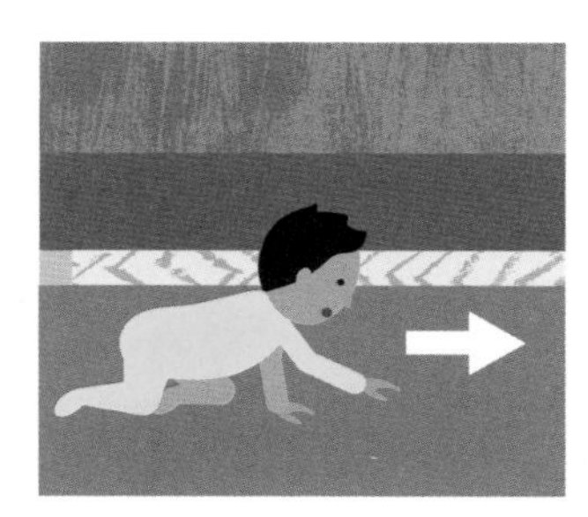

2

3, 4, 5, 6, 7。

露露

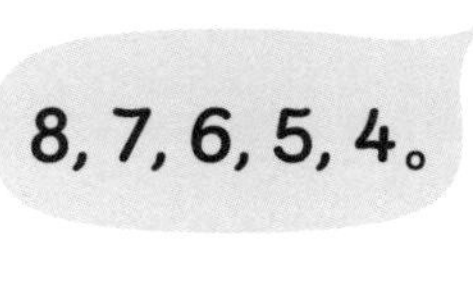

拉维

15, 14, 13, 12。

雅各布

艾玛

(1) 露露在______数。

(2) 拉维在______数。

(3) 雅各布在______数。

(4) 艾玛在______数。

旋转角度：一圈和半圈

第16课

准备

萨姆把转盘转了几圈？

举例

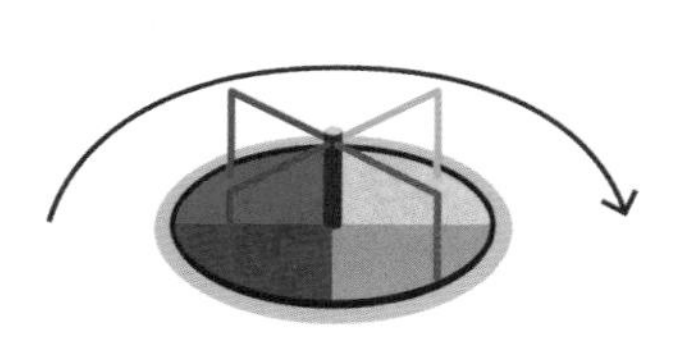

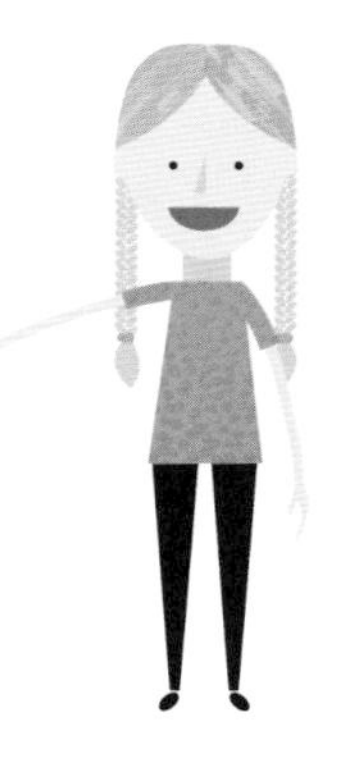

萨姆把转盘转了半圈。
按顺时针的方向旋转。

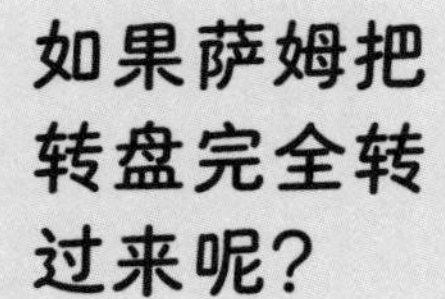

如果萨姆把转盘完全转过来呢？

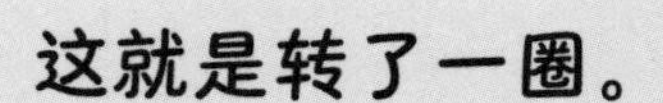

这就是转了一圈。

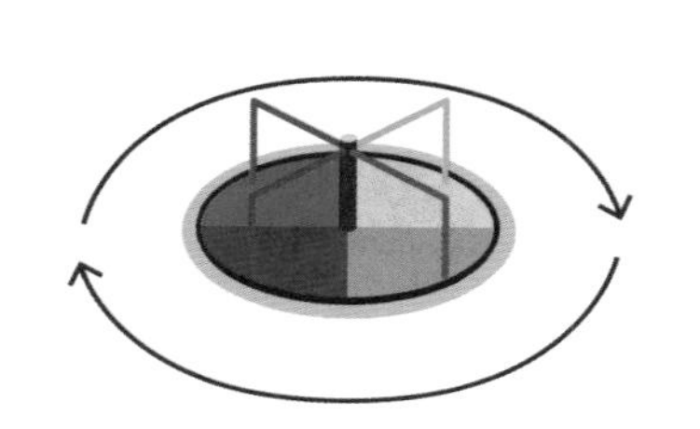
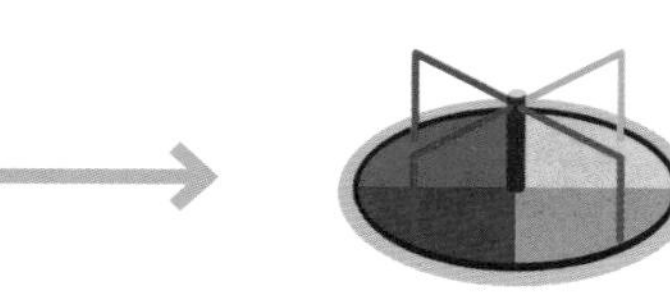

练 习

1 用一圈和半圈填空。

(1)

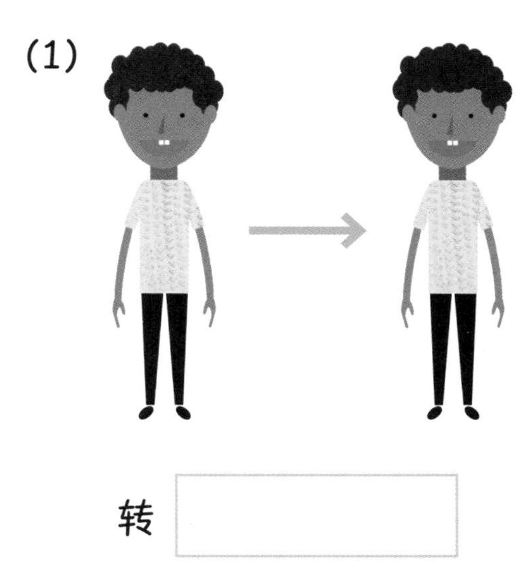

转 ______

(2)

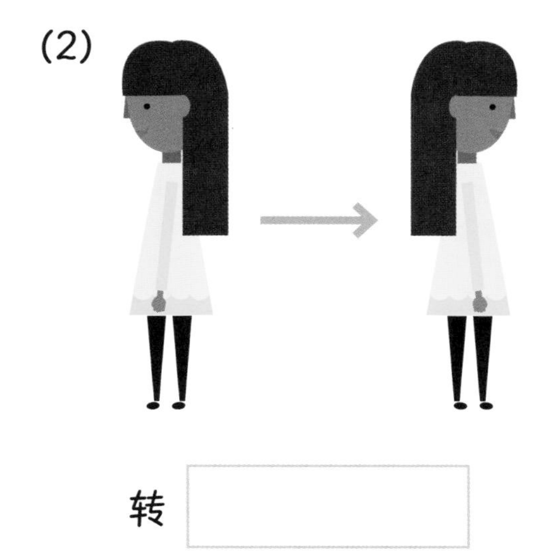

转 ______

2 用相同和相反填空。

(1) 转一圈后，你面对的是 ______ 的方向。

(2) 转半圈后，你面对的是 ______ 的方向。

(3) 查尔斯转了三个半圈，他最后面对的是 ______ 的方向。

旋转角度：$\frac{1}{4}$和$\frac{3}{4}$圈

第17课

准备

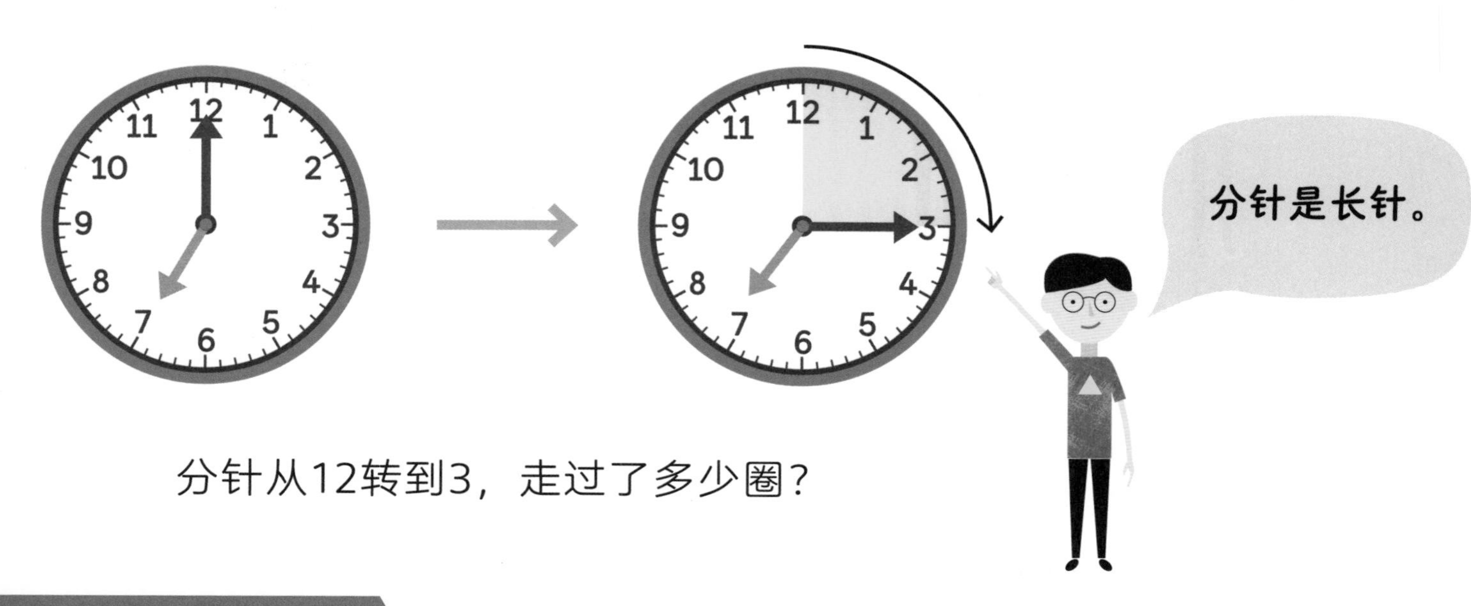

分针从12转到3，走过了多少圈？

举例

分针从12转到3，走过了$\frac{1}{4}$圈。

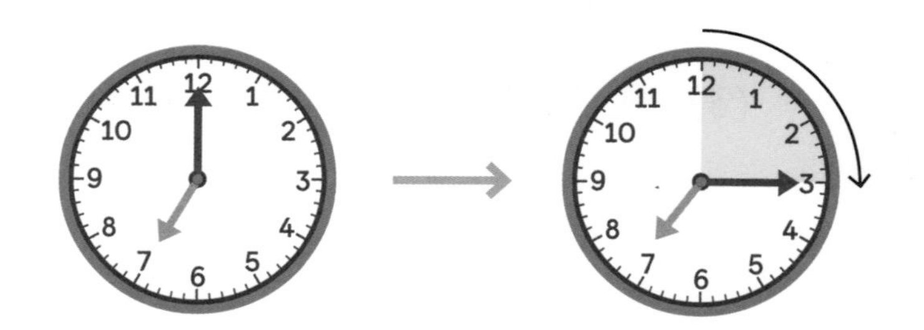

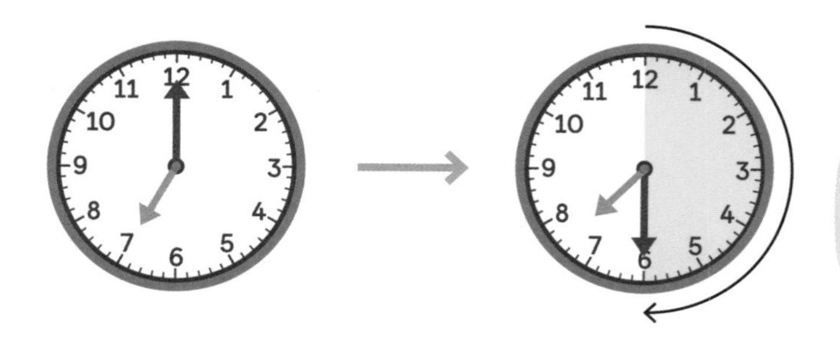

分针从12转到6，走过了$\frac{1}{2}$圈。

现在，分针已经走过了$\frac{3}{4}$圈。

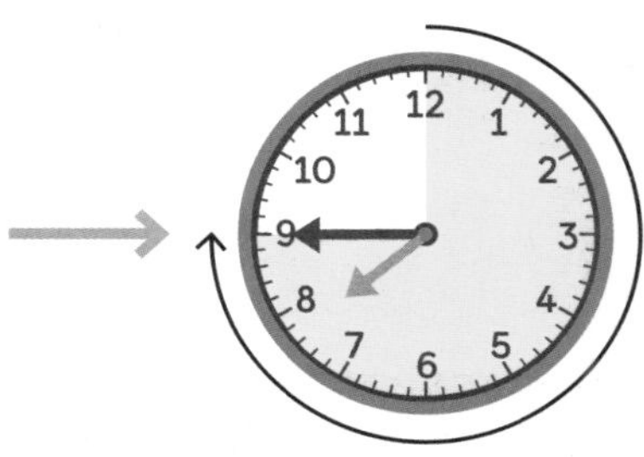

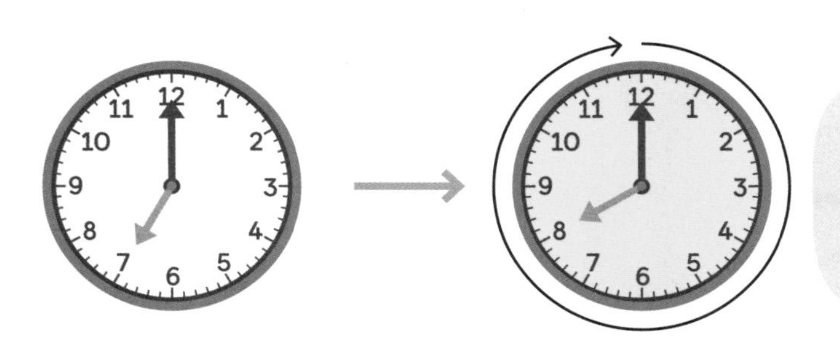

分针已经转了1圈，又回到了开始的地方。这时分针已经转了1整圈。

练 习

用1圈、$\frac{1}{4}$圈、$\frac{1}{2}$圈或$\frac{3}{4}$圈填空。

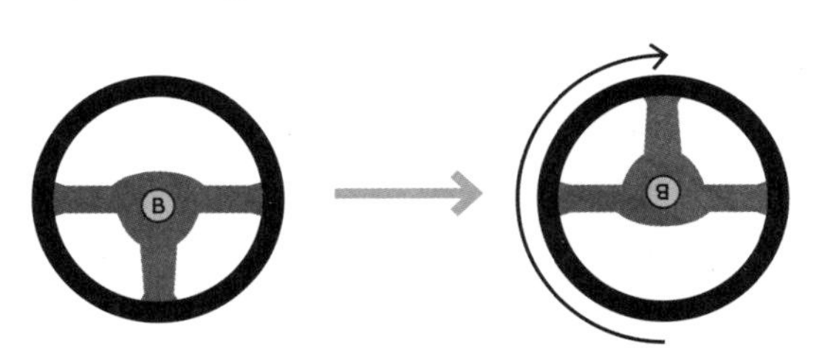

转了 ______

2

转了 ______

3

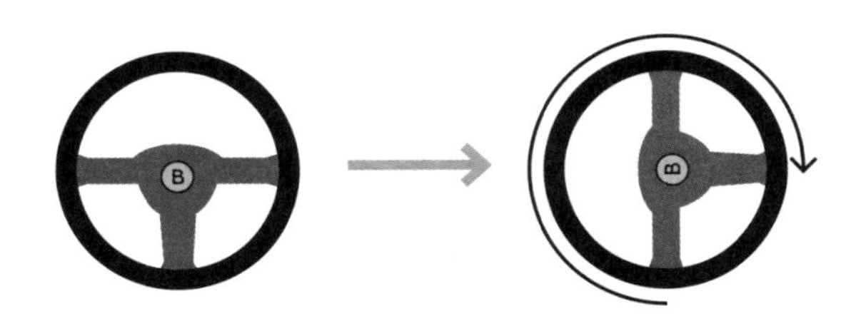

转了 ______

4

转了 ______

旋转方向：
顺时针和逆时针

第 18 课

准备

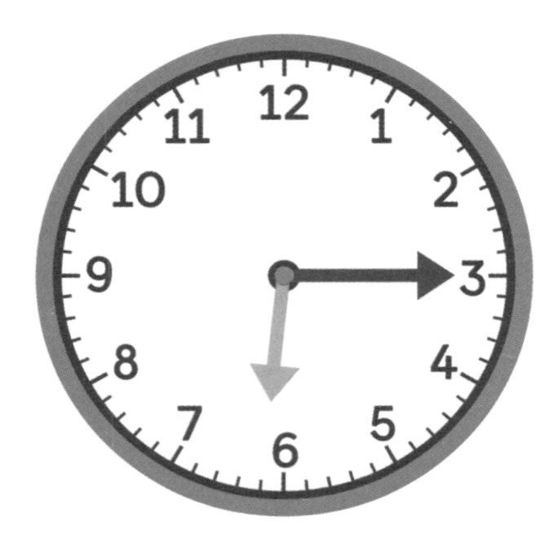

钟表是沿什么方向转动的呢？

举例

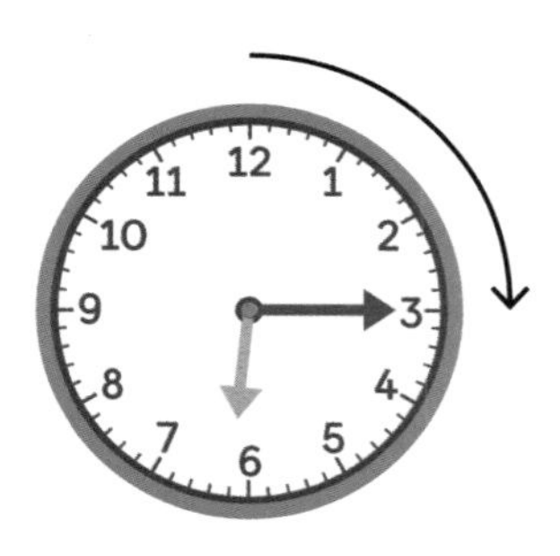

顺时针

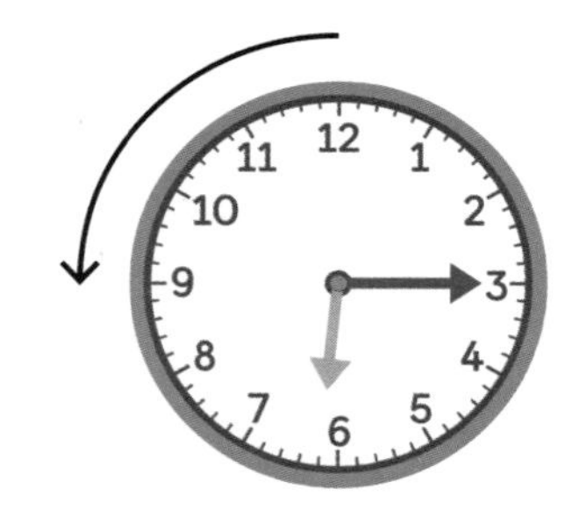

逆时针

我们把钟表旋转的这个方向称为顺时针。

与之相反的方向叫作逆时针。

练 习

1 以下旋转方向是什么？

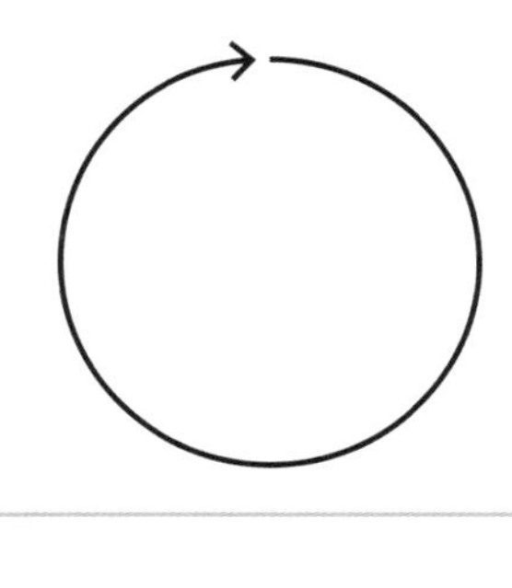

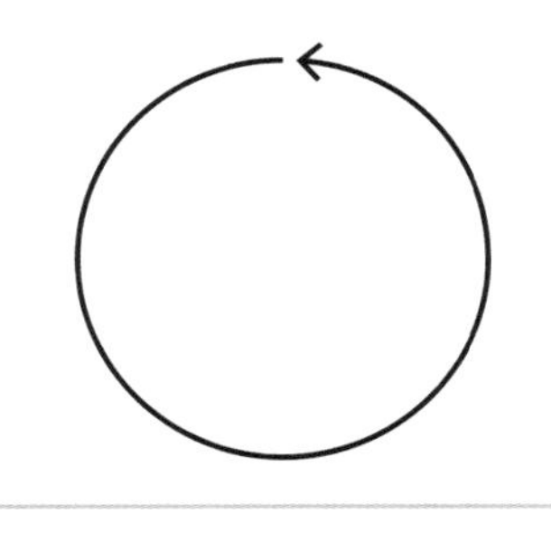

2 按照文字，用箭头画出旋转的方向。

(1) 顺时针转$\frac{1}{4}$圈

(2) 逆时针转$\frac{3}{4}$圈

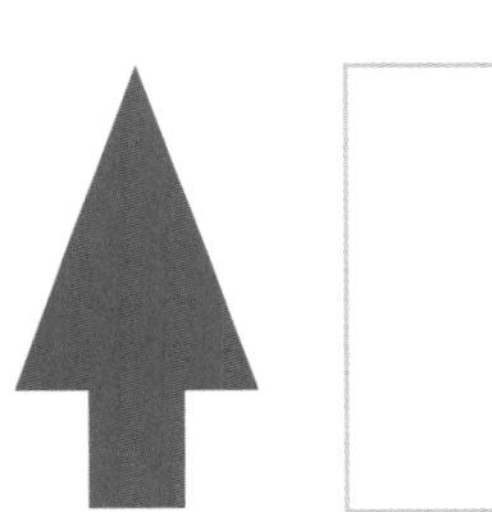

(3) 逆时针转$\frac{1}{2}$圈

(4) 顺时针转$\frac{1}{2}$圈

回顾与挑战

1 观察图片，然后填空。

______ 是比赛的第一名。

最后一个到达终点的人是 ______ 。

______ 是比赛的第二名。

2 观察图片，然后填空。

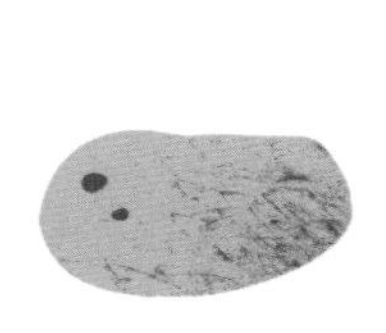
土豆

胡萝卜

洋葱

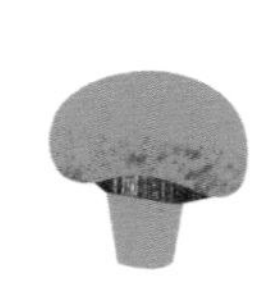
蘑菇

西葫芦

(1) 洋葱是从左边数 ______ 个。

(2) 西葫芦 在 ______ 旁边。

(3) ______ 在土豆和洋葱之间。

3 连一连。

- 球体
- 正方体 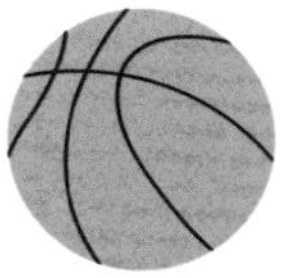
- 圆柱体
- 三棱锥 

4 沿着虚线描出图形，然后连一连。

- 三角形
- 圆形 
- 长方形 
- 正方形 

5 按照图形排序的规律，画出下一个图形。

(1)

(2)

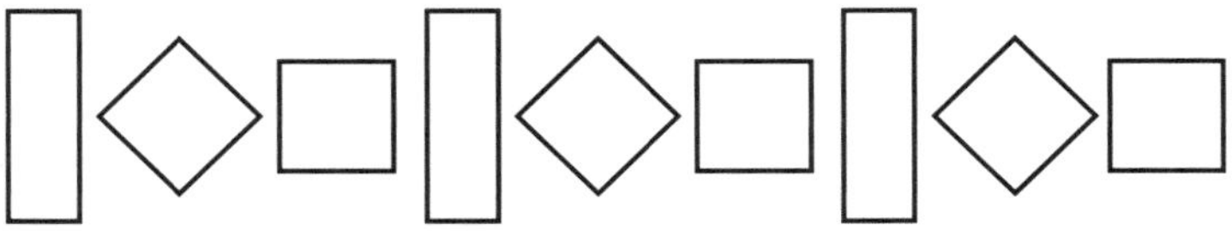

6 按照圆形排序的规律，画出缺失的图形。

□ △ □ △ ［ ］ △ □

▯ ○ ▭ ▯ ○ ▭ ▯ ［ ］

(1) 第1行缺失的图形是［ ］。

(2) 第2行缺失的图形是［ ］。

7 用圆形和正方形设计一行重复排序的图案。

［ ］

8 用最上、中间和最下比较网球的位置。

(1) C 球在［ ］面。

(2) A 球在［ ］面。

(3) B 球在［ ］。

A
B
C

9 用最上、前和上形容积木的位置。

(1) 积木 E 在积木 D 的 ______ 面。

(2) 积木 F 在积木 D 的 ______ 面。

(3) 积木 G 在积木 D 的 ______ 面。

10 用里和外填空。

(1) 在箱子 ______ 面。

(2) 在箱子 ______ 面。

(3) 在箱子 ______ 面。

(4) 在箱子 ______ 面。

11 用远和近对比下面3个城市的距离。

(1) 北京离上海 ______。

(2) 北京离乌鲁木齐 ______。

12 用向上和向下填空。

(1)

(2)

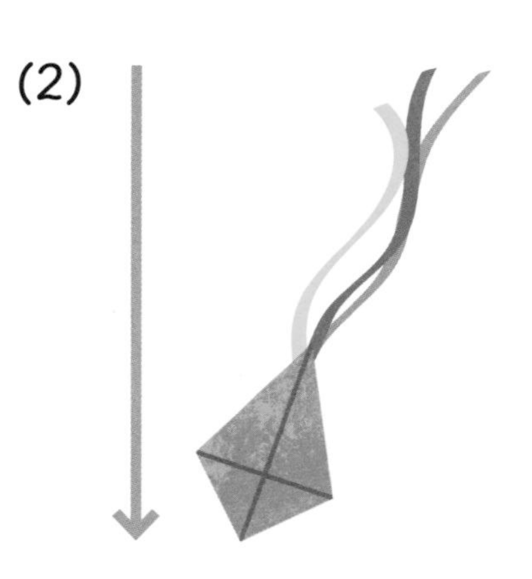

(1) 风筝在＿＿＿＿飞。　(2) 风筝在＿＿＿＿飞。

13 用$\frac{1}{4}$圈、$\frac{1}{2}$圈、$\frac{3}{4}$圈和1圈填空。

(1)

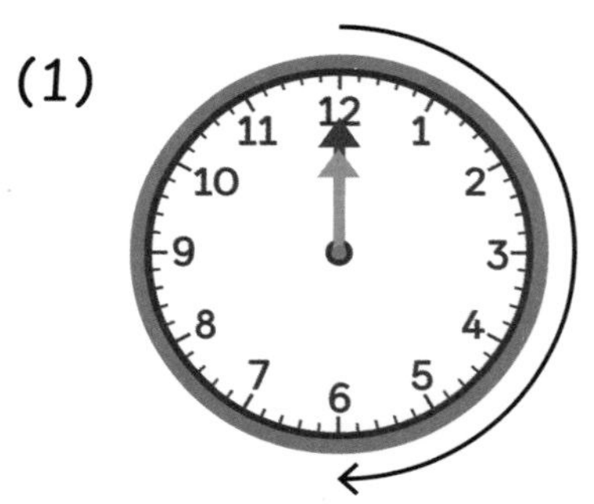

分针走了＿＿＿＿

(2)

分针走了＿＿＿＿

(3)

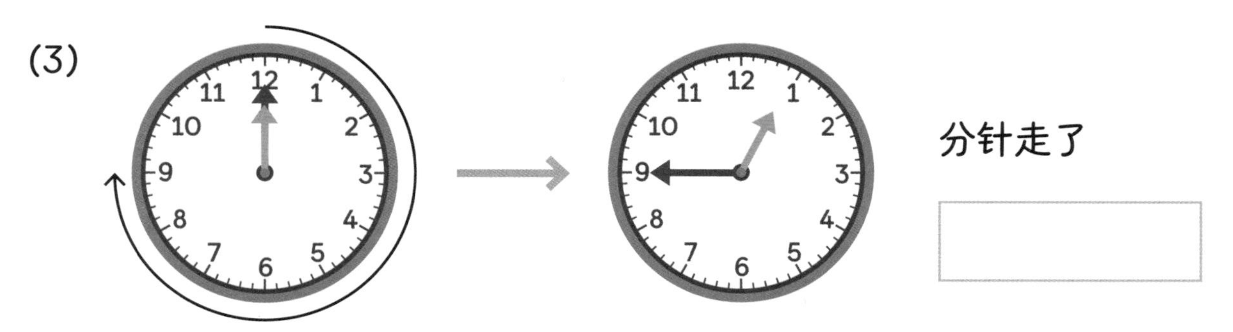

分针走了

(4)

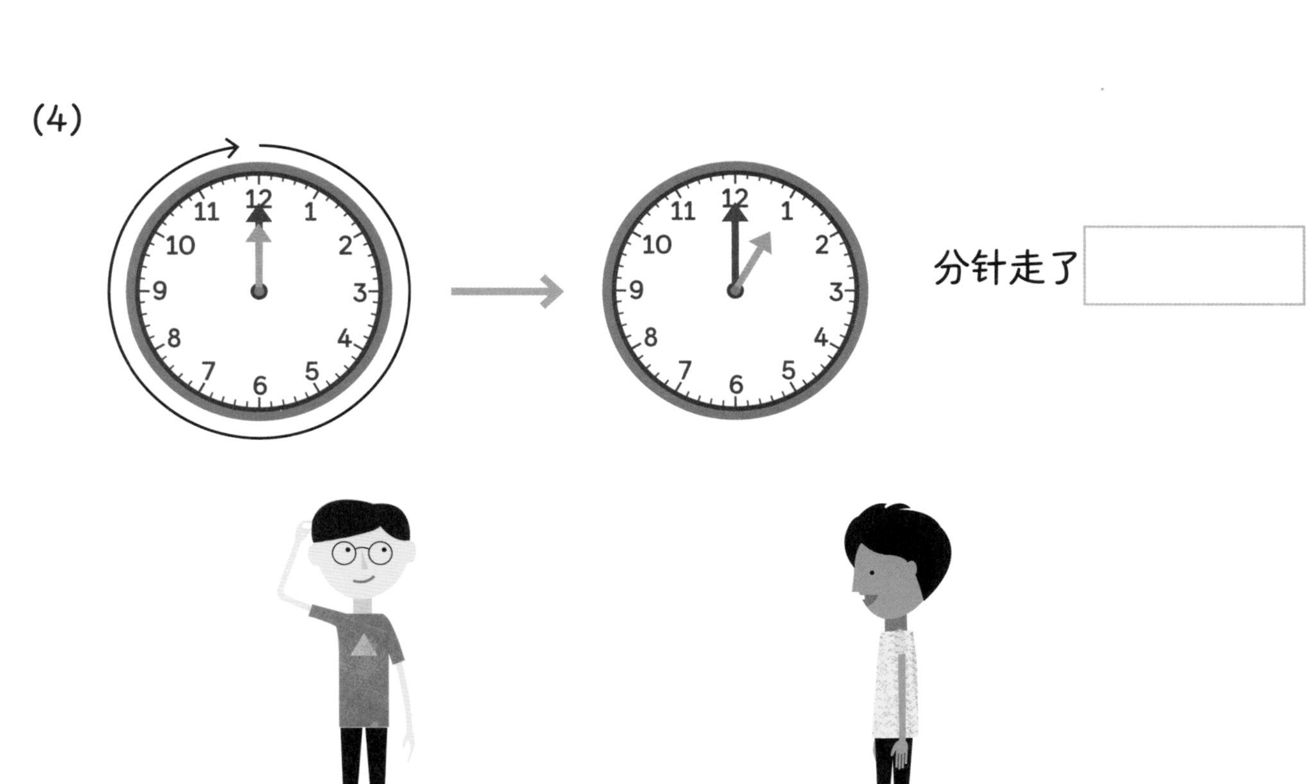

分针走了

14

查尔斯逆时针转了$\frac{1}{4}$圈，拉维顺时针转了$\frac{1}{2}$圈。

拉维和查尔斯会面对相同的方向，还是相反的方向呢？

在正确的答案后面打 ✓ 。

他们会面对相同的方向 ☐

他们会面对相反的方向 ☐

参考答案

第 5 页　1 (1) 第一，(2) 之后，(3) 第二，(4) 之前。 2 第二，第四，第三，第一

第 7 页　1

1	第一
2	第二
3	第三
4	第四
5	第五
6	第六
7	第七
8	第八
9	第九
10	第十

2 (1) 第六。 (2) 33号赛车。 (3) 44号赛车和16号赛车之间。 (4) 10号赛车。 (5) 3号赛车。

第 9 页　1 (1) 从左边开始数，杂货店是第二个。 (2) 从右边开始数，面包店是第二个。 (3) 从左边开始数，面包店是第四个。 (4) 比萨店在杂货店和面包店之间。

2 

第 11 页　1 答案不唯一。

2

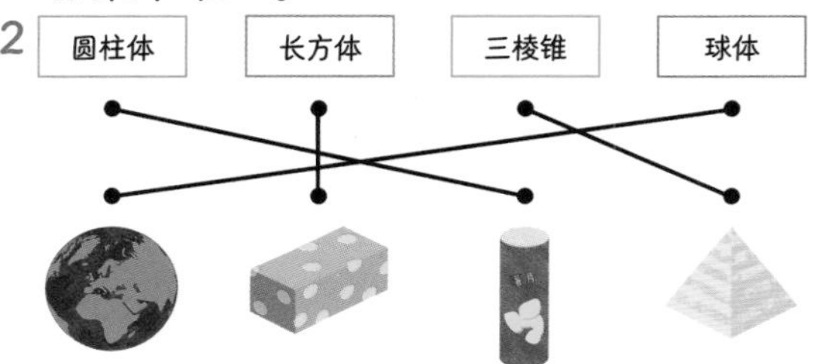

第 13 页　1 答案不唯一。 2 答案不唯一。

3 (1) (2) (3) (4)

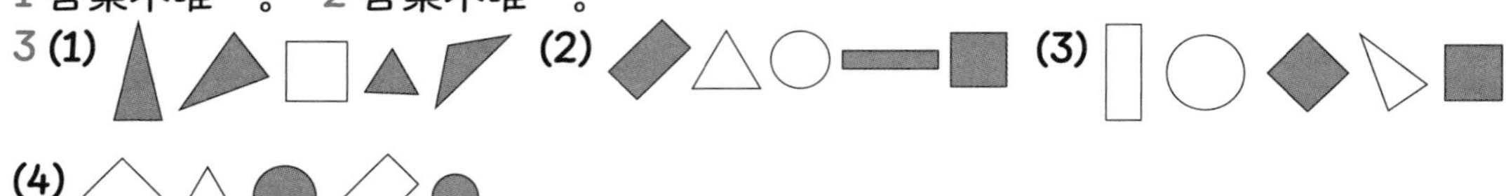

第 15 页

2 (1) 这些图形是按照颜色分类的。 (2) 这些图形是按照形状分类的。
(3) 这些图形是按照大小分类的。

第 17 页　1

2 答案不唯一。

3 圈出一组，例：

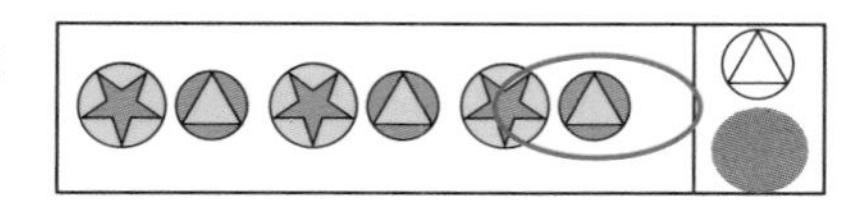

第 19 页　1 (1)  (2)

2 (1) 涂出一组，例：

(2) 涂出一组，例：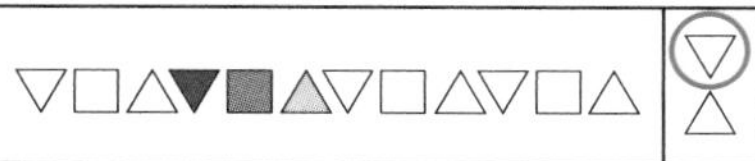

3 (1)　(2) 

第 21 页　1 答案不唯一。 2 答案不唯一。 3 (1) 我们把牛奶放在冰箱里面。 (2) 要把垃圾放在房子外面。 (3) 天气晴朗时，汉娜喜欢去外面野餐。

第 23 页　2 (1) 远。 (2) 近。 (3) 远。

3

第 25 页　1 (1) 下面。 (2) 上面。 (3) 中间。

2 (1) 上面。 (2) 上面，下面。

3 (1) 中间。 (2) 下面。

第 27 页　1 (1) 前面。 (2) 前面，后面。 (3) 后面。 (4) 前面。 (5) 前面。

2

3 (1) 前面。 (2) 后面。

第 29 页　1 (1) 最下，(2) 最上，上面，(3) 中间。

2

第 31 页　1 (1) 向上。 (2) 向下。 2 (1) 从上面。 (2) 从下面。

第 33 页　1 (1) 向后，(1) 向前
2 (1) 向前，(2) 向后，(3) 向后，(4) 向前。

第 35 页　1 (1) 一圈。(2) 半圈。2 (1) 相同。(2) 相反。 (3) 相反。

第 37 页　1 $\frac{1}{2}$圈。2 $\frac{1}{4}$圈。3 $\frac{3}{4}$圈。4 1圈

第 39 页　1 顺时针，逆时针 2 (1) (2) (3) (4)

第 40 页　1 (1) 萨姆。 (2) 查尔斯。 (3) 露露。
2 (1) 第三。 (2) 蘑菇。 (3) 胡萝卜。

第 41 页

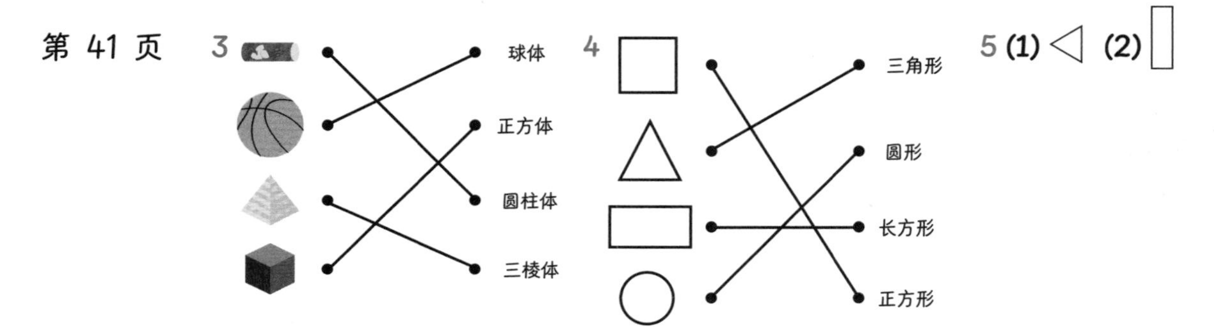

第 42 页　6 (1) 正方形。 (2) 圆形。
7 答案不唯一。
8 (1) 最下。 (2) 最上。 (3) 中间。

第 43 页　9 (1) 最上。 (2) 上。 (3) 前。
10 (1) 里。 (2) 外。 (3) 外。 (4) 里。
11 (1) 北京离上海近。 (2) 北京离乌鲁木齐远。

第 44 页　12 (1) 向上。 (2) 向下。 13 (1) $\frac{1}{2}$圈。 (2) $\frac{1}{4}$圈。

第 45 页　(3) $\frac{3}{4}$圈。 (4) 1圈。
14 相同的方向。